ISBN: 9798843364519

Ejercicios Prácticos

Photoshop CC

Ejercicios, evaluaciones y solucionarios

Este libro se complementa con

"Taller Photoshop CC"

Edición EMD

Primera edición

Comunidad Europea

2021

Índice

Ejercicios Prácticos

Evaluaciones

Ejercicio Práctico 1

Guardar imagen para la web

Ajustar las opciones de formato para conseguir un archivo ligero y con calidad dirigido a la posterior publicación web.

Una vez tengas tu imagen acabada.

1. Haz clic en el menú Archivo.

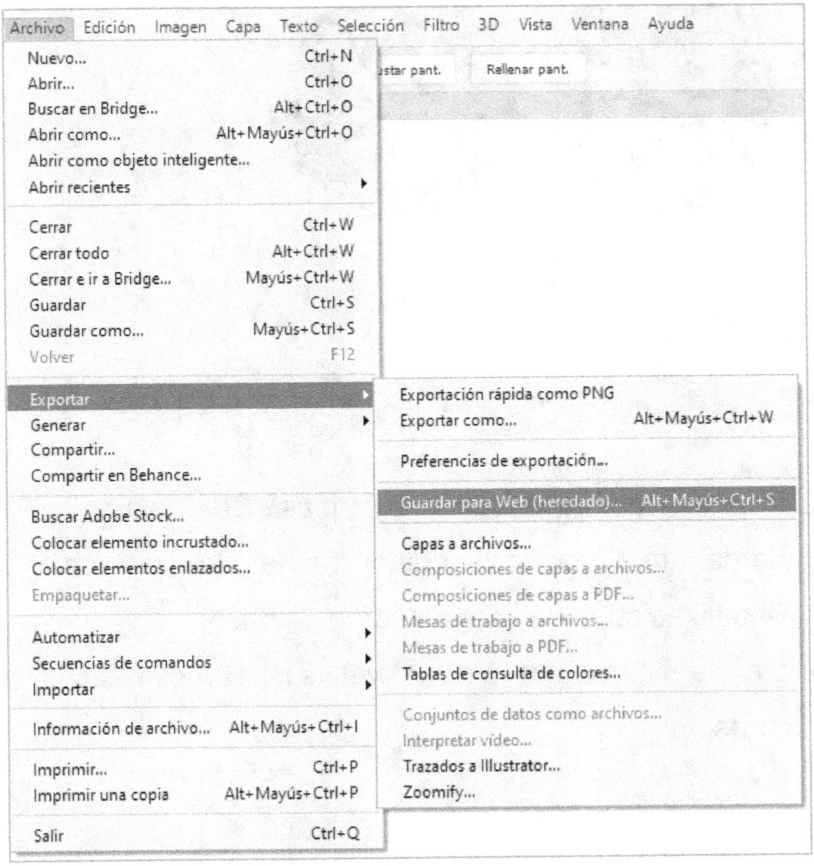

2. Haz clic en Guardar para Web. Se abrirá el cuadro de diálogo de Guardar para Web. Observa que en primera instancia se muestra la imagen con los ajustes optimizados para un tamaño de archivo pequeño con una calidad aceptable.

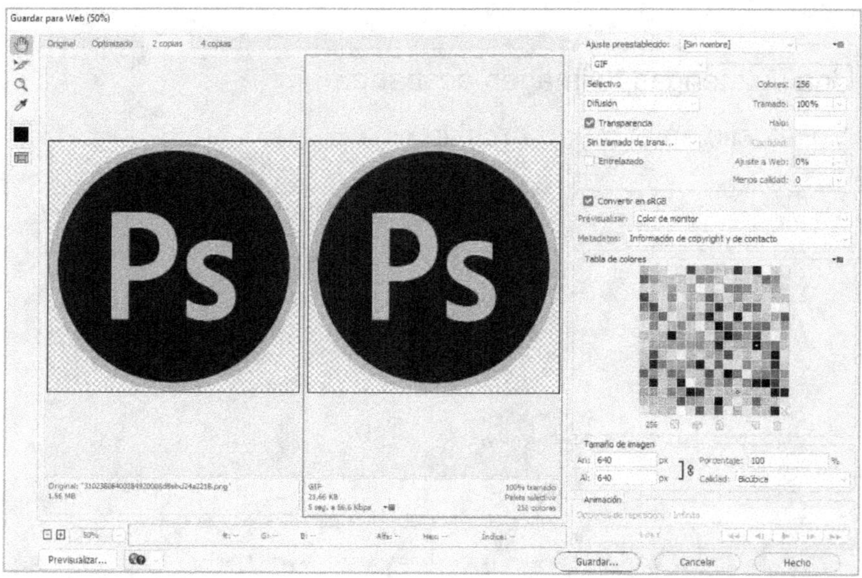

3. Haz clic en la pestaña 2 copias. Se mostrará a la izquierda la imagen original y a la derecha la previsualización de la imagen comprimida.

Al pie de la imagen podrás ver sus características de compresión:

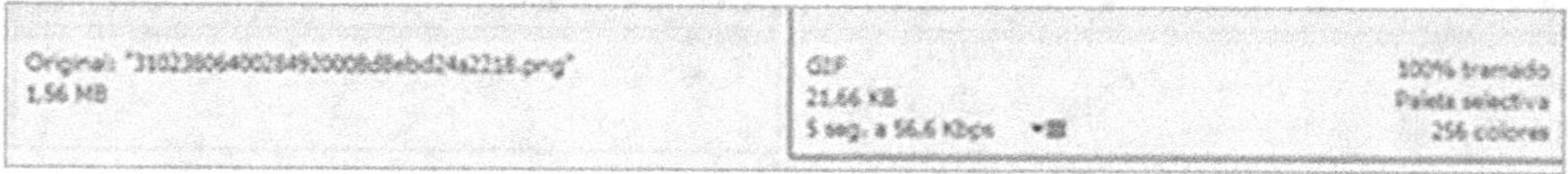

Si no puedes ver la imagen completa puedes ajustar el zoom desde el desplegable en la esquina inferior izquierda de la ventana.

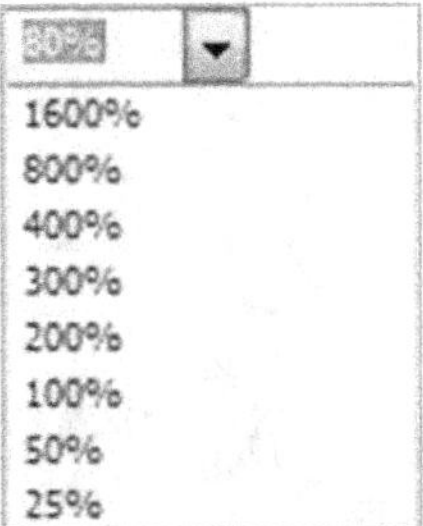

4. Modifica las opciones para lograr una mayor compresión, o para alcanzar mayor calidad. Puedes usar los ajustes predefinidos de Photoshop.

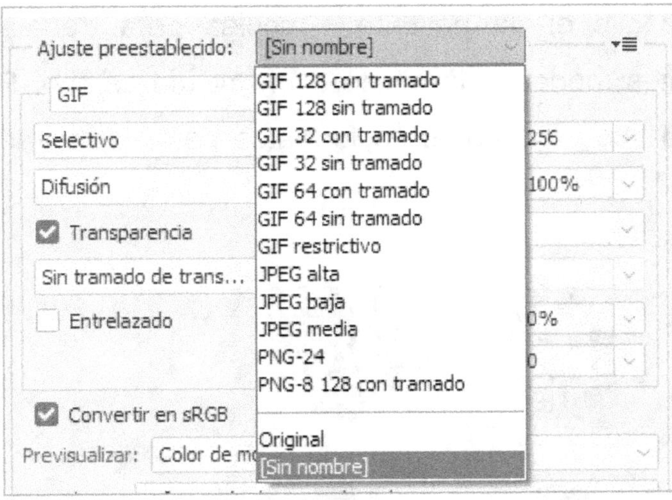

Observa como el tamaño del archivo cambia según escojas un ajuste u otro. Para los formatos de archivo GIF y PNG puedes decidir los colores que se almacenarán sirviéndote de la paleta y los botones de configuración. Pulsa [botón] para añadir nuevos colores. Pulsa [botón] para eliminar existentes.

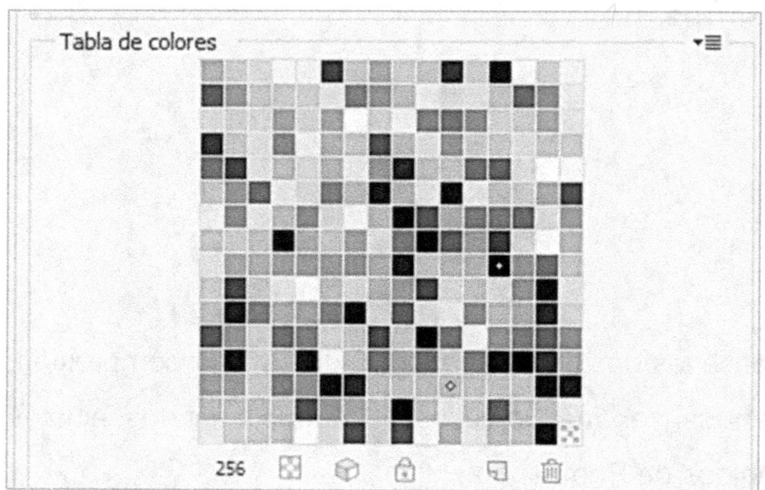

5. Haz clic en la pestaña 4 copias para trabajar con diferentes modelos de ajuste a un mismo tiempo. Podrás crear 3 tipos diferentes de formatos para comparar entre ellos.

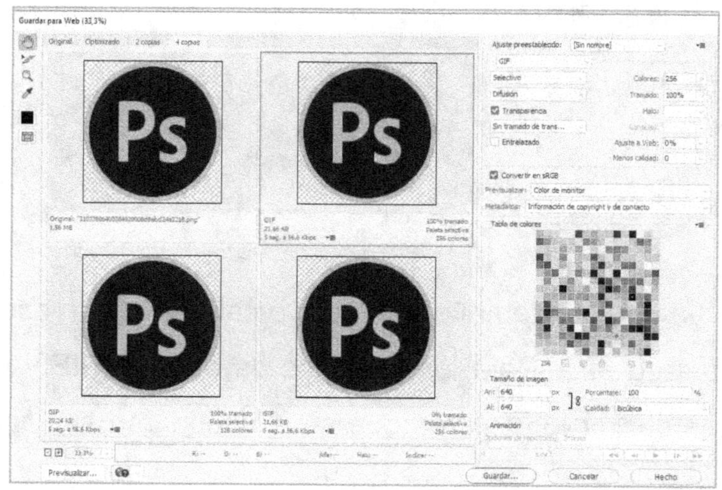

6. Cuando tengas un modelo optimizado y quieras guardarlo, haz clic sobre él para seleccionarlo.

7. Pulsa el botón Guardar y se abrirá el cuadro de diálogo de *Guardar optimizado como...*

8. Dale un nombre al archivo y pulsa Guardar.

Ejercicio Práctico 2
Personalizar área de paletas

Aprender a utilizar y gestionar el Área de Ventanas.

En Photoshop CC las ventanas están organizadas en un panel a la derecha del área de trabajo (las ventanas pueden variar dependiendo del espacio de trabajo).

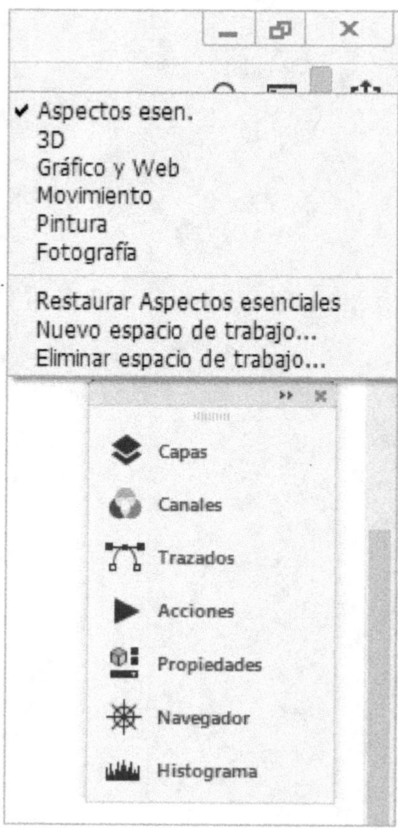

Esta área es completamente personalizable. Podemos incluir las ventanas que queramos en cualquier grupo y del mismo modo eliminar aquellas que no queremos que aparezcan.

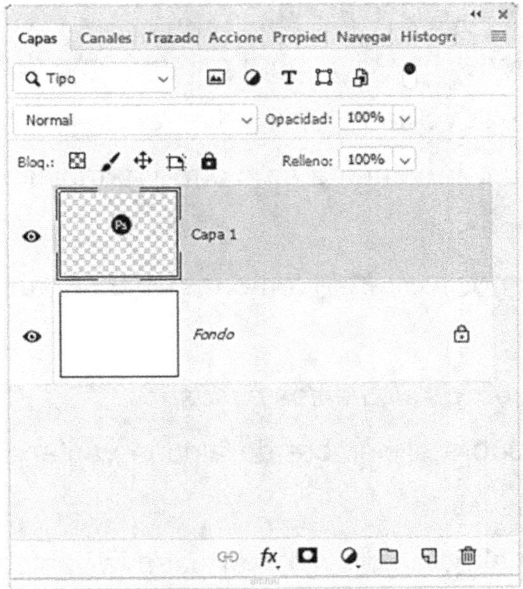

1. Veamos los pasos que hay que seguir para cambiar de grupo las ventanas que queramos del Área de ventanas. Haz clic sobre el nombre de la ventana que quieras cambiar de grupo en el área de ventanas y mantén el botón apretado.

2. Ahora arrastra el botón hasta otro grupo de ventanas.

3. Una vez allí, suelta el botón del ratón y la ventana se habrá añadido al grupo.

Para eliminar una ventana del Área de ventanas hay que hacer lo siguiente:

1. Haz clic sobre el nombre de la ventana que quieras quitar del área de ventanas.

2. Ahora se abrirá la ventana.

Una vez abierta, haz clic sobre con el botón derecho sobre el nombre de la ventana, y elige Cerrar.

3. Verás como la ventana se cierra y también desaparece del Área de paletas.

También es posible tener ventanas abiertas fuera del Área de ventanas.

Para ello sigue los siguientes pasos:

1. Haz clic sobre el nombre de alguna ventana en el Área de ventanas:

2. Sin soltar el botón del ratón arrastra la ventana fuera del Área de ventanas.

3. Suelta el botón del ratón donde quieras situar la ventana. Ahora habrá desaparecido del Área de ventanas.

Recuerda que en todo momento puedes volver a mostrar la ventana en el área seleccionándola desde el menú Ventanas de la barra de menús.

Ejercicio Práctico 3
Tampón de clonar

Usar el Tampón de Clonar.

1. Abre un archivo jpg.

2. Seleccionamos la herramienta Tampón de Clonar en el panel de herramientas.

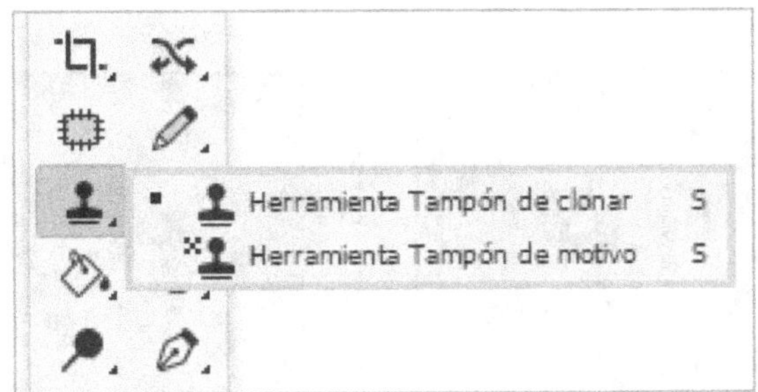

3. Selecciona un tamaño de pincel no demasiado grande, pero que te permita cubrir la columna de la grúa con un solo trazado. Es preferible que tenga poca cureza.

4. Mantendremos pulsada la tecla Alt para seleccionar la zona de la imagen que queremos copiar haciendo clic sobre ella. Recuerda que puedes utilizar el Zoom para trabajar más de cerca.

5. Una vez seleccionada la zona a clonar, el tampón está listo para copiar. Lleva el puntero del ratón al punto que quieres modificar y pulsa el botón izquierdo del ratón

creando tantos trazos como sea necesario. Observa cómo los trazos crean una copia exacta de la zona que escogiste en principio. Durante todo el proceso verás que el puntero del ratón se desdobla, mostrando un aspa en el lugar de donde se extrae la información y la punta del pincel en la zona donde realizarás la copia de la imagen. Observa también que en el pincel de destino se ve cómo quedara el resultado final.

Ejercicio Práctico 4
Borrador mágico

Utilizar el Borrador mágico para borrar fondos.

1. Abre un archivo jpg.

2. Selecciona la herramienta Borrador mágico.

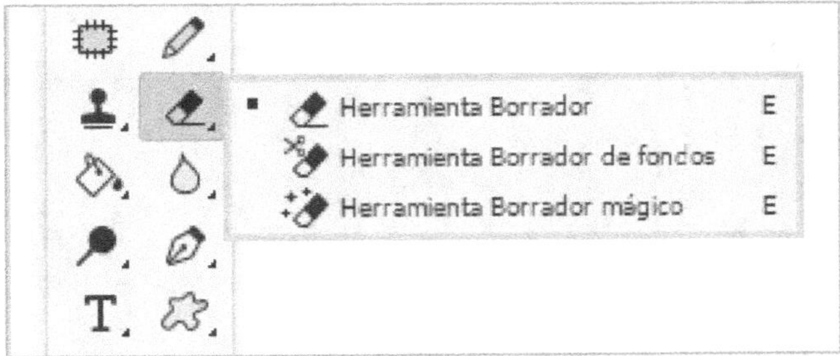

3. Haz clic sobre el cielo.

4. Observa que no se ha borrado del todo. Subiremos la Tolerancia para que acepte una gama de colores más amplia.

5. Desactiva la casilla Contiguo para que también borre colores pertenecientes a la gama, pero no contiguos a la muestra donde hicimos clic.

6. Cada vez irá borrando más cielo. Ajusta el nivel de Tolerancia hasta que consigas el resultado final.

7. Observa que, si excedes la tolerancia, comienzan a borrarse las ramas más externas de los árboles.

Ejercicio Práctico 5
Alineamiento y distribución de capas

Aprender a alinear diferentes capas.

Abre un archivo psd.

Vamos a alinear estos 4 objetos dispuestos en capas diferentes:

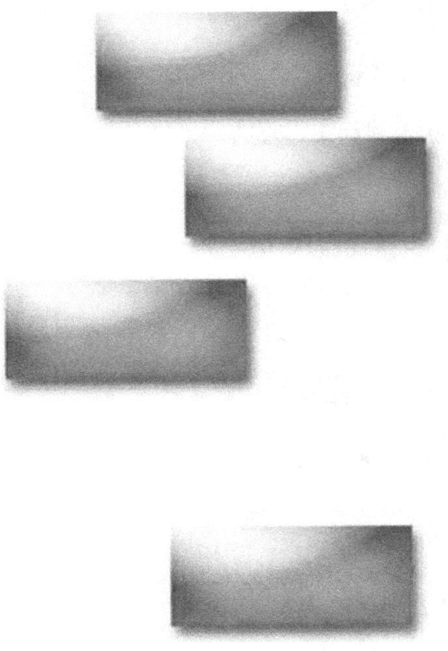

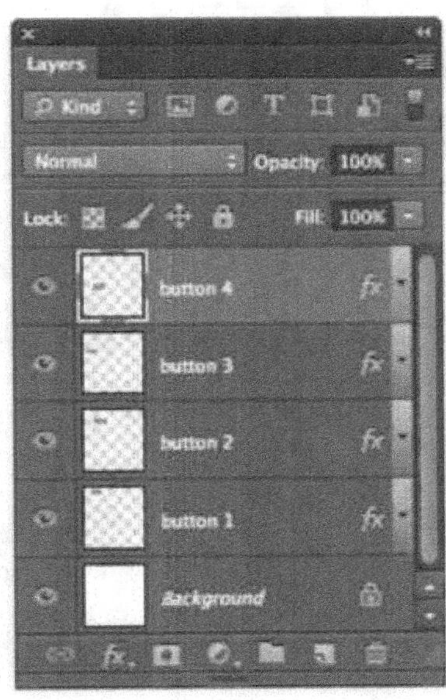

1. Enlaza las capas 1, 2, 3 y 4 para alinearlas.

2. Para enlazarlas mantén la tecla Ctrl presionada y haz clic en cada una de las capas para seleccionarlas.

Luego pulsa el botón Enlazar capas  que se encuentra en la base de la ventana.

3. Ahora selecciona la herramienta Mover.

4. Activa la capa que quieras que sea el referente de alineación haciendo clic sobre ella.

5. Y escoge un tipo de alineamiento para el grupo.

6. Si eligiésemos Alinear centros horizontales , las capas se dispondrían de este modo:

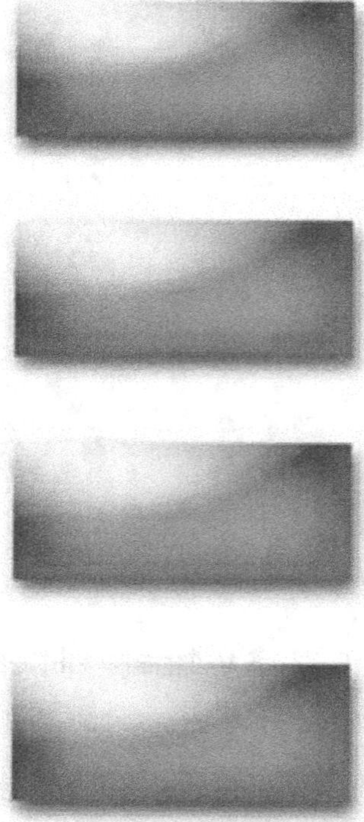

Ejercicio Práctico 6
Alineamiento automático de capas

Aprender a alinear automáticamente diferentes capas para crear una imagen compuesta.

Abre un archivo psd.

Vamos a alinear estas tres capas para que formen la composición de abajo:

1. Selecciona las 3 capas para poder aplicar la opción Alinear capas automáticamente.

2. Para seleccionarlas todas mantén la tecla Ctrl presionada y haz clic en cada una de ellas. Luego aplica el comando *Edición → Alinear capas automáticamente.*

3. En el cuadro de diálogo que se abrirá selecciona Automático y pulsa OK.

4. Para perfeccionar la composición ve al menú Edición y selecciona Fusionar capas automáticamente, con el Modo de fusión Panorama. En el siguiente tema veremos las herramientas de selección que te ayudarán a recortar las esquinas que queden sueltas.

Ejercicio Práctico 7

Copiar y pegar selecciones

Aprender a copiar y pegar selecciones.

1. Abre cualquier imagen que tengas.

2. Selecciona la herramienta Marco rectangular. Haz clic en la imagen y manteniendo pulsado el botón del ratón arrástralo hasta encerrar la zona a copiar en el área de la selección. Entonces, suelta el botón.

3. Haz clic en Edición → Copiar o pulsa Ctrl + C. El contenido de la selección se copiará en el portapapeles. Si escogieses Cortar (Ctrl + X) el contenido se suprimiría de la imagen y se almacenaría en el portapapeles a espera de ser pegado en algún sitio.

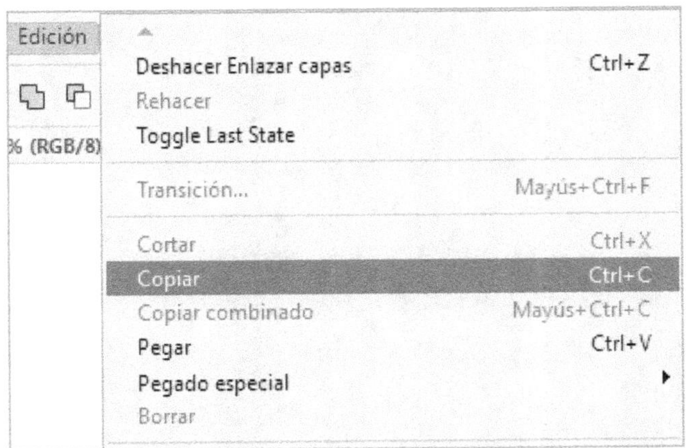

4. Abre un archivo nuevo desde Archivo → Nuevo.

5. Selecciona Portapapeles en el desplegable Predefinido para que el nuevo documento tenga las dimensiones del área copiada.

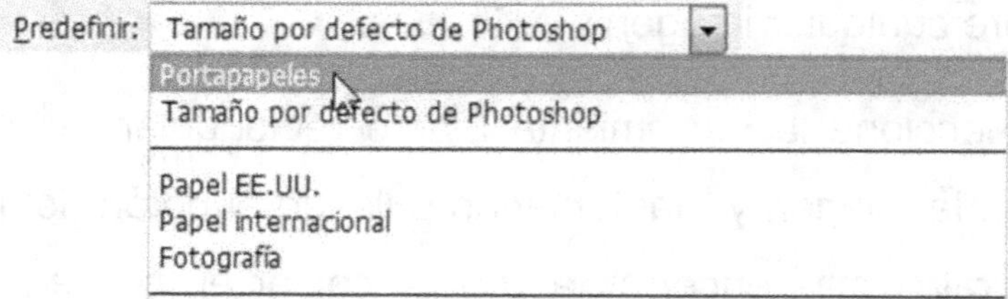

6. Pulsa OK y se creará el nuevo documento.

7. Pega el contenido del portapapeles desde Archivo → Pegar o pulsando Ctrl + V.

Ejercicio Práctico 8

Efecto espejo

Crear la ilusión de reflejo en el agua.

1. Abre una imagen gif.

2. Dobla la altura del tamaño del lienzo. Para ello haz clic en *Imagen → Tamaño de lienzo*. Se abrirá el siguiente cuadro de diálogo.

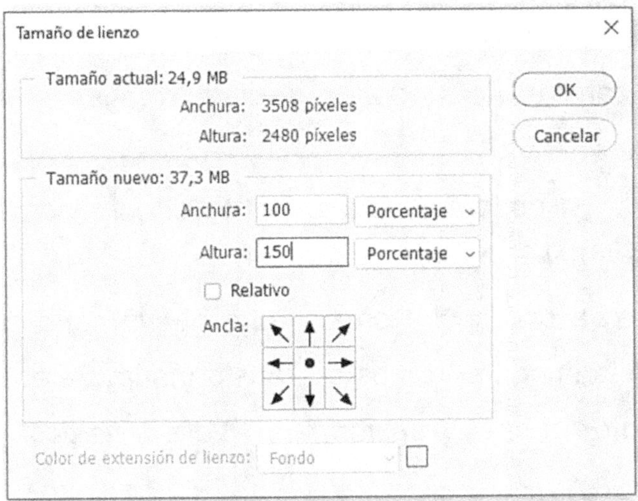

3. Cambia las unidades a porcentajes y dobla la altura (poniéndolo a 150).

4. Ancla la pintura existente a la parte superior para que el espacio añadido se cree por debajo de éste.

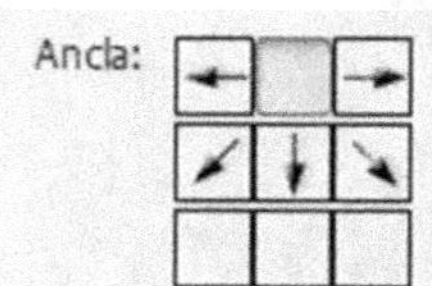

5. Pulsa el botón OK.

6. Ahora selecciona, con el Marco rectangular por ejemplo, la imagen inicial.

7. Cópiala con el comando *Edición → Copiar* o pulsando Ctrl+C.

8. Ahora pégala. Utiliza el comando *Edición → Pegar o pulsa Ctrl+V*. Observarás que no sucede nada. Si observas el panel Capas, verás que pone Índice. Este modo no permite trabajar con capas.

9. Para cambiar de modo, ve al *menú Imagen → Modo y elige Color RGB*.

10. Ahora ya podemos seguir. Utiliza el comando *Edición → Pegar o pulsa Ctrl+V*.

11. Observa que se ha creado una nueva capa con una copia de la imagen. Vamos a Transformarla. Selecciona el comando *Edición → Transformar → Voltear vertical*.

12. Coloca la imagen volteada debajo de la original. Para ello te ayudará la opción menú Vista → Ajustar. Con la herramienta mover, arrastra hacia abajo la capa, con la tecla Shift pulsada, para hacerlo en vertical. Cuando llegues al borde verás que la capa se "engancha", gracias a la opción Ajustar. Ahora es un reflejo perfecto.

13. Lo siguiente que haremos será distorsionarla un poco con la ayuda del comando *Transformar → Deformar* para que no sea una copia exacta, y darle un aspecto de ondas.

14. Si han quedado áreas vacías, selecciónalas con la Varita, y ve al menú *Edición → Rellenar*, elige según el contenido y pulsa OK.

15. Pásale la herramienta Dedo con una Intensidad del 15% para crear un efecto de distorsión mayor.

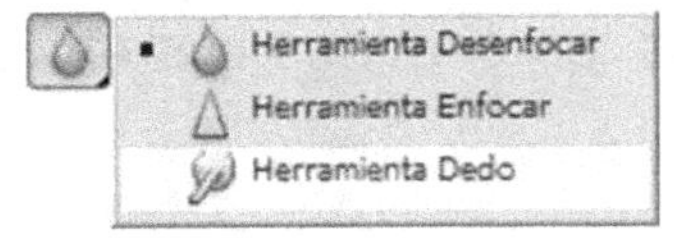

Ejercicio Práctico 9
Crear máscaras de capa

Crear una transparencia mediante máscaras de capa.

1. Abre, con Photoshop, una imagen 1 jpg,

2. Abre también una imagen2 jpg. Ahora, tendrás cada imagen en una pestaña, en documentos separados.

3. Sitúate en la segunda imagen 2 jpg. Selecciónala toda (teclado, Ctrl + A) y cópiala.
Ve a la ventana y pega la otra imagen 1. Ahora la tendrás en una nueva capa, quedando máscara mascara1.jpg como fondo. Todos los cambios a partir de ahora, será en este documento.

4. En el panel de Capas, selecciona el fondo y la capa. Ve al menú *Capa → Alinear*. Elige *Bordes superiores*.

5. Repite los pasos del punto anterior, pero alineando a los Bordes izquierdos. La composición te habrá quedado como se muestra a continuación:

7. Ahora crearemos la máscara. Selecciona la Capa 1 (la de arriba) y pulsa el botón Añadir máscara vectorial del panel Capas.

8. Selecciona la herramienta Degradado y crea un degradado teniendo en cuenta que la zona negra que dibujes con la herramienta Degradado será la transparente.

9. Repite el paso anterior hasta estar satisfecho con la transparencia.

10. Es fácil, que, por la diferencia de tamaño, quede un cortada la esquina superior izquierda. Corrígelo con la herramienta Tampón de clonar. Asegúrate de tener seleccionada la miniatura correspondiente a la imagen, y no la de la capa, en el panel Capas.

Es aconsejable que mantengas las capas tal y como están en este momento por si más tarde quisieras realizar modificaciones. Y, por ejemplo, si quieres obtener una imagen, no tienes más que exportarlo a JPEG, guardando el PSD original. Pero existe la posibilidad de combinar todo el documento en una sola capa. Veamos cómo hacerlo: Si únicamente quieres combinar la máscara con su capa, haz clic derecho sobre la miniatura de la máscara y selecciona Aplicar máscara de capa. Ambas, la capa y su máscara se fusionarán.

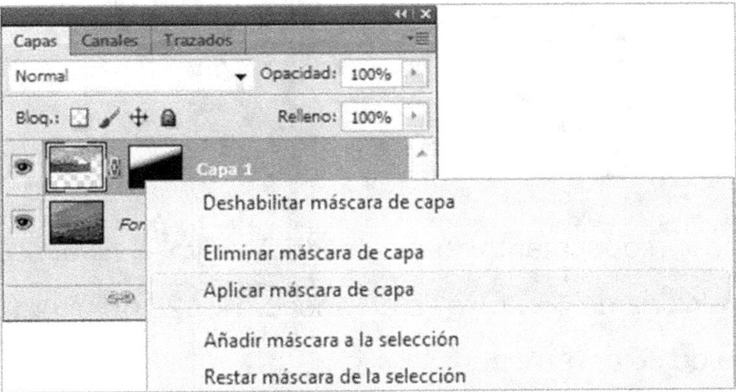

Si lo que quieres es combinar todo en una sola capa, puedes hacer clic derecho sobre el panel capas y elegir Combinar visibles o Acoplar imágenes.

Ejercicio Práctico 10
Textos y Formas

Crear composiciones con formas y texto.

Vamos a crear esta imagen a partir de formas simples y un poco de texto:

1. Abre un documento nuevo desde *Archivo → Nuevo*. Dale las medidas de 650 píxeles de anchura y 425 de altura, y el fondo de color blanco.

2. Si por lo que sea has creado el documento con fondo transparente, o de otro color, con la ayuda del Bote de pintura rellena la capa entera de color blanco. Para ello asegúrate de que el color Frontal es de ese mismo color.

3. Ahora selecciona la herramienta Forma personalizada y haz clic en el desplegable Forma Forma: ✳ ▾.

4. Pulsa el botón ⊙ y carga la biblioteca Web. El sistema te preguntará que, si estás seguro, dile que sí.

5. Selecciona la forma Volumen.

6. Crea una capa nueva pulsando el botón en la ventana de Capas.

7. Ahora, asegurándote de que la herramienta Forma está en posición Píxeles mantén pulsada la tecla Shift (para mantener las proporciones 1 a 1) y dibuja la forma en el lienzo.

8. Selecciona y borra las ondas que salen del altavoz.

9. Haz clic en Edición → Transformar → Rotar y gira la forma 180 grados para cambiar su orientación. También puedes hacerlo seleccionando la opción Voltear horizontal.

10. Ahora seleccionaremos otra forma. Haz clic en el desplegable de Forma y carga la biblioteca de Música.

11. Los siguientes pasos son iguales a los anteriores. Crea nuevas capas donde colocarás las notas musicales; ayudándote del comando Transformación, rótalas y colócalas dispersadas sobre el lienzo.

12. Una vez tengamos todas las formas añadiremos el texto.

Selecciona la herramienta Texto T .

13. Escoge una fuente que te guste y aumenta su tamaño sobre los 70 puntos.

14. Haz clic sobre el lienzo y escribe una frase.

15. Pulsa el botón ✔ para aceptar los cambios.

16. Ahora deformaremos el texto. Pulsa el botón ⊥ .

17. Elige el estilo Elevar y modifica su curva al 44% y la distorsión horizontal a -58%.

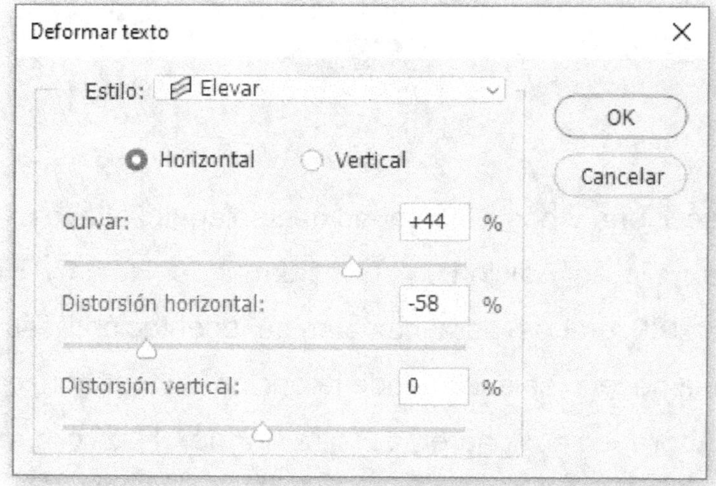

18. Pulsa OK para aceptar los cambios.

19. Con la ayuda de la herramienta Mover coloca todas las capas de la forma que creas conveniente.

Ejercicio Práctico 11
Efecto gota de agua

Crear el efecto de gotas de lluvia mediante Estilos de capa.

1. Abre un documento en blanco, con fondo transparente.

2. Selecciona la herramienta Pincel  y el color Frontal negro

3. Modifica las propiedades de la punta y dale una dureza del 60%.

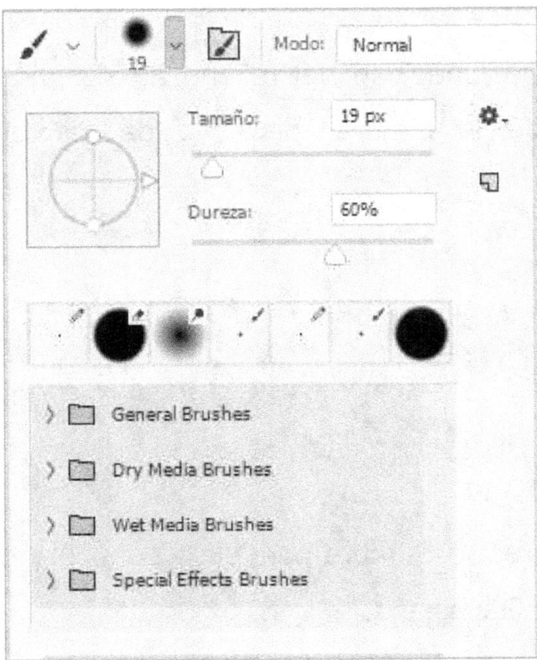

4. Pinta sobre el lienzo intentando parecer una gota de lluvia sobre un cristal.

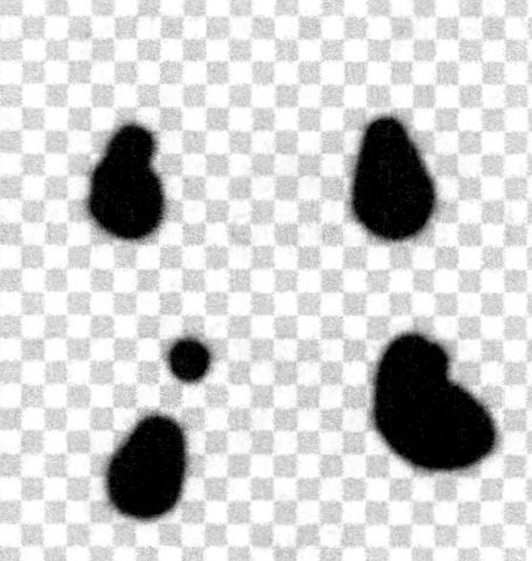

5. Haz clic en el icono *fx.* de la ventana Capas y elige Opciones de fusión.

6. Cambia la Opacidad del relleno al 3% para reducir la opacidad de la pintura, pero no de los efectos que creemos.

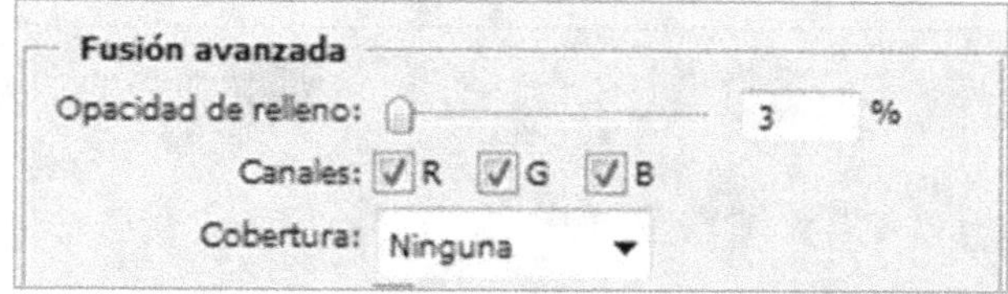

7. Añade el estilo Sombra paralela y configura el Contorno como curva Gaussiana.

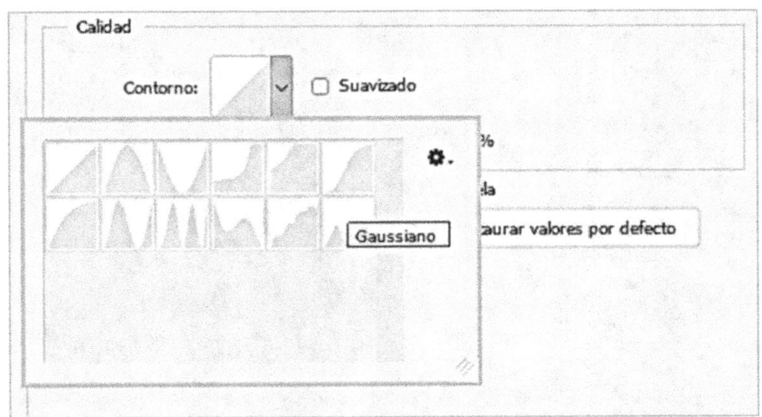

8. Dale un 100% de opacidad y cambia la Distancia y el Tamaño a 1 píxel.

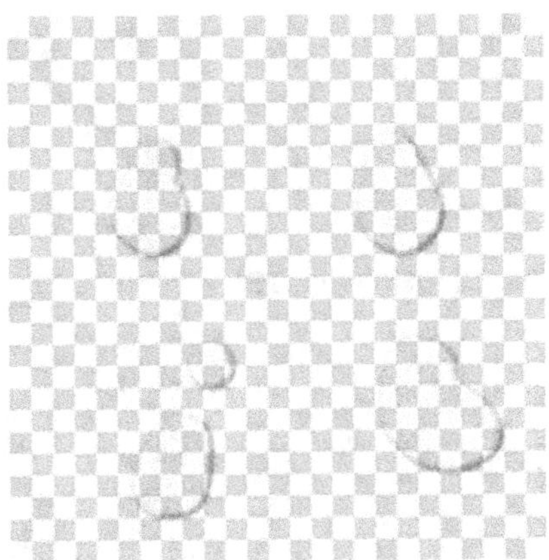

9. Añade el estilo Sombra interior y en su configuración define el Modo de fusión como Subexponer color, la Opacidad al 43% y su Tamaño a 10 píxeles.

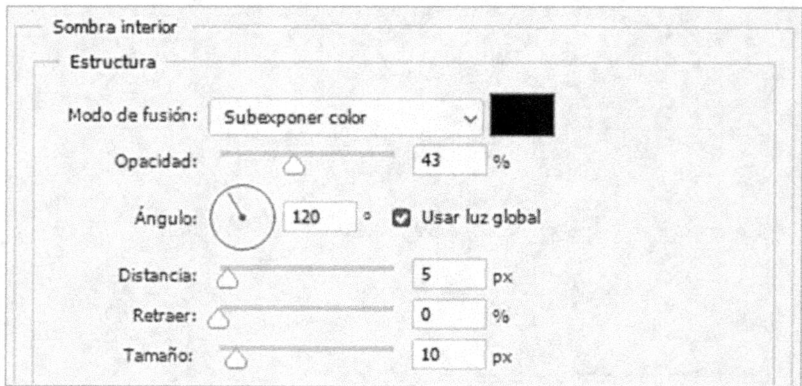

10. Añade un Resplandor interior, con Modo de fusión Superponer, Opacidad de 30% y color de muestra negro.

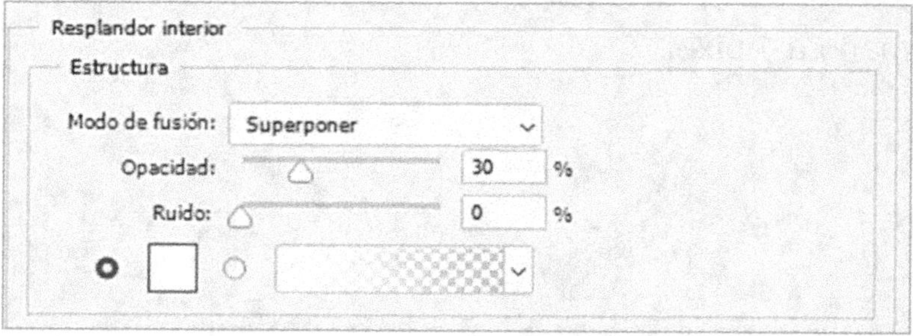

11. Activa también el estilo Bisel y Relieve.

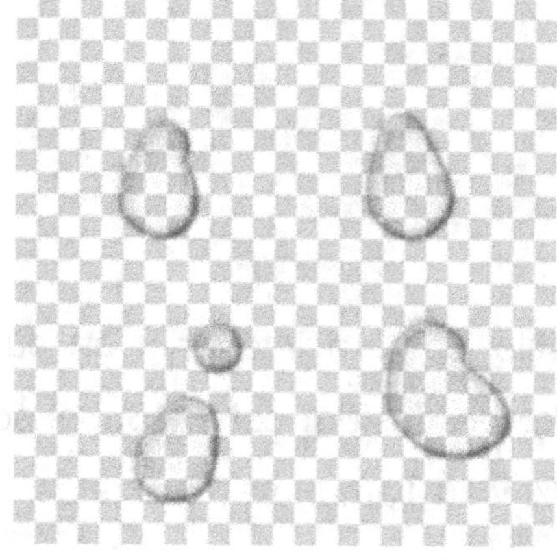

12. En su configuración selecciona Cincel duro en Técnica, cambia la Profundidad al 250% y el Tamaño a 15 píxeles. También aumenta el suavizado a 10 píxeles.

13. En la sección Sombra define el ángulo a 90° y la Opacidad del modo resaltado al 100%. Selecciona en el Modo de sombra Sobreexponer color y cambia la muestra de color a blanco y su Opacidad al 23%.

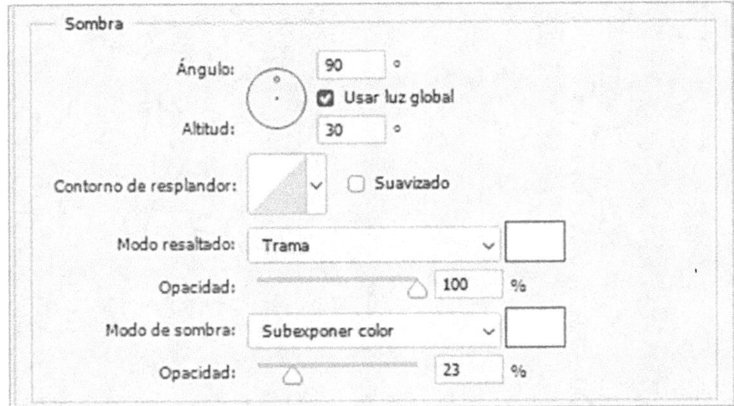

14. Ya tienes listo el estilo, ahora puedes guardarlo haciendo clic en Estilo nuevo y utilizarlo siempre que quieras. Ten en cuenta que el acabado dependerá siempre

de la dureza del borde de la pintura sobre la que apliques

el estilo.

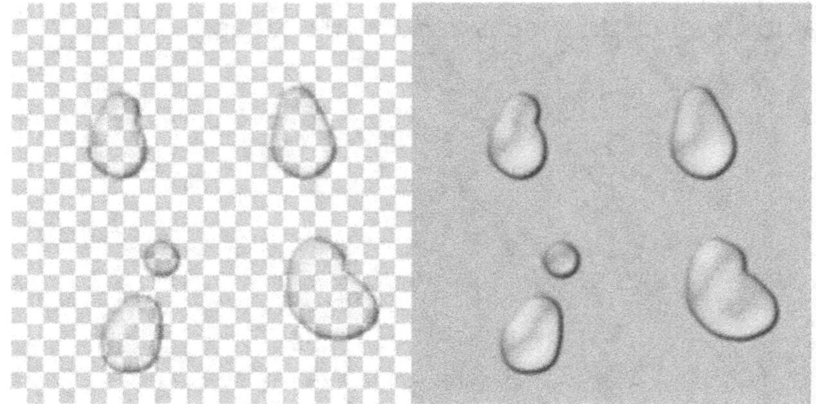

Ejercicio Práctico 12
Uso de Filtros

Transformar una imagen mediante filtros.

Con una imagen abierta sigue los siguientes pasos:

1. Haz clic en Filtro.

2. Selecciona la opción Galería de Filtros. Se abrirá el cuadro de diálogo de Filtros.

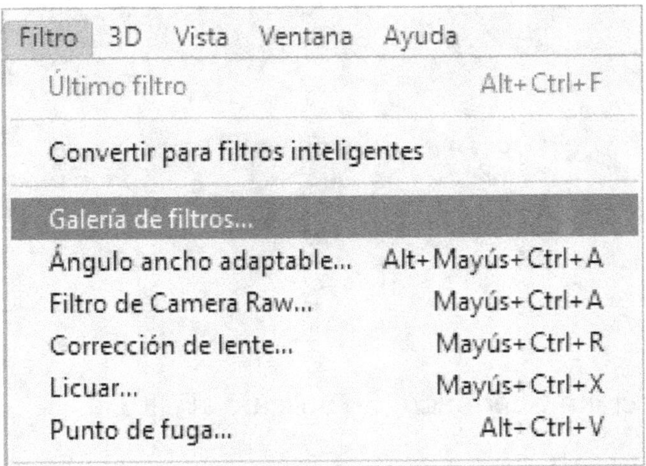

3. Haz clic en Artístico para desplegar los filtros correspondientes a ese grupo.

4. Selecciona Cuarteado. Se aplicará el filtro.

5. Como lo que nos interesa es combinar diferentes filtros haremos clic en Nueva capa de efecto para añadir un nuevo filtro.

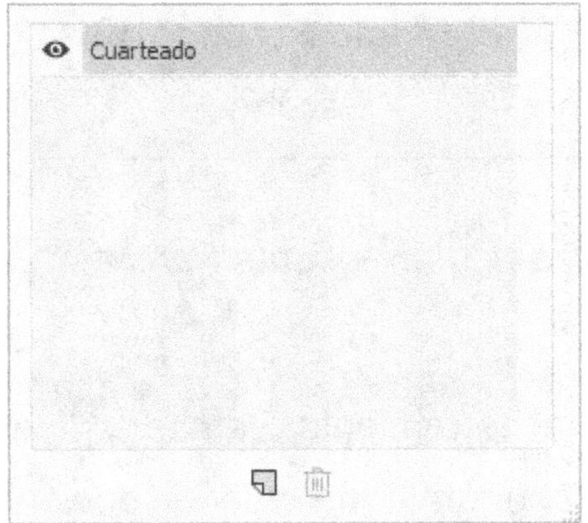

6. Haz clic en Textura para desplegar el grupo.

7. Selecciona el Filtro Texturizar. Observa que se están aplicando dos filtros sobre la imagen.

8. Vamos a modificar las opciones de este Filtro. Haz clic en el desplegable Textura y selecciona Arenisca.

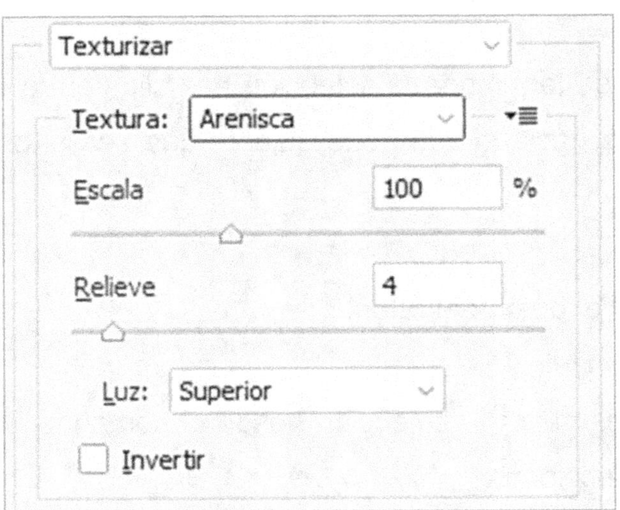

9. Reduce el Relieve a 1.

10. Pulsa OK para aceptar los cambios.

Ejercicio Práctico 13
Parche

Aprender a utilizar la herramienta Parche.

1. Selecciona la herramienta Parche en el Panel de herramientas. Asegúrate de que la opción Origen en la barra de Opciones de herramientas está activada.

2. Selecciona el área a parchear haciendo clic y arrastrando el ratón para crear el trazo de selección alrededor de ella.

3. Una vez terminada la selección haz clic dentro de ella y arrástrala hacia la zona que quieras que sea el origen del parche.

4. Suelta el botón del ratón.

5. Puedes quitar la selección desde el comando Selección → Deseleccionar.

Ejercicio Práctico 14
Trabajo con Trazados

Familiarizarnos con los trazados.

A partir de un archivo dado intentaremos conseguir esto:

1. Abre un archivo psd.

2. Selecciona un color rojo para el color frontal.

3. Selecciona el menú *Capa → Nueva capa de relleno → Degradado.*

4. Dale el nombre miForma 2.

5. En el cuadro de diálogo que se abrirá selecciona un ángulo de 90°, crea un degradado personalizado que tome más o menos el aspecto que puedes ver en la imagen de

resultado. Ten en cuenta que la parte superior debe ser transparente.

6. Desde el panel Capas, selecciona la capa miForma, selecciona el trazado e ir *a Edición → Copiar* con esto copiaremos el trazado.

7. Vamos a la capa miForma2, y seleccionar icono de Miniatura de capa y *Edición → Pegar*. Así pegaremos el trazado en esta capa,

8. Con el trazado seleccionado ir a *Capa → Máscara vectorial →Trazado actual*. Así crearemos una máscara con la forma del trazado.

9. Borra u oculta la capa miForma.

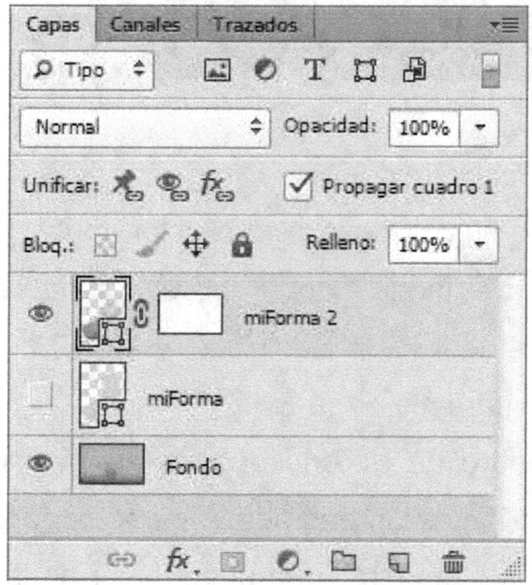

10. Aplica, a la capa miForma 2, un efecto de Sombra paralela, como se muestra en la imagen del resultado.

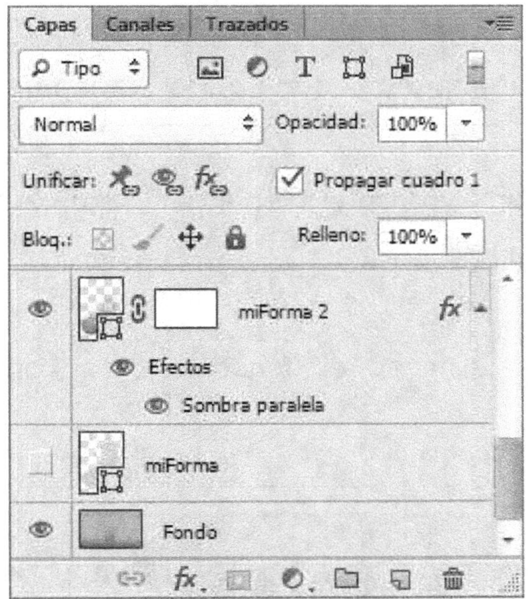

11. Crea tres duplicados de la capa miForma 2 utilizando el comando *Capa → Duplicar capa.*

12. Con ayuda del comando Transformar, (Rotar, Escalar) modifica el aspecto de las capas hasta que se parezcan más o menos a lo que mostramos como resultado. Observa cómo al aplicar la transformación los objetos siguen completamente definidos y no pierden calidad. Es gracias a que son formas vectoriales.

Ejercicio Práctico 15
Crear Imágenes con Fondo Transparente

1. Abre un archivo psd e intenta guardarlo para publicarlo luego en una página web.

2. Deberás eliminar el fondo rojo y convertirlo en transparente.

Ejercicio Práctico 16
El entorno de Photoshop CC

Ejercicio 1: Trabajando con la Vista de la imagen

1. Abre una imagen gif.

2. Ahora explora las opciones que te ofrece el menú Vista, presta especial atención en los comandos *Encajar en pantalla* y *Píxeles reales*.

3. Encuentra el modo de hacer aparecer las Reglas de medición y la Cuadrícula en la imagen.

Ejercicio 2: Trabajando con el Entorno

1. En este ejercicio te proponemos que muevas las ventanas o paletas del área de trabajo para que te familiarices con el entorno.
Cámbialas de sitio y tamaño y abre nuevas ventanas desde el menú Ventana.

2. Una vez hayas cambiado toda la disposición deberás encontrar un comando en la barra de menús que te permitirá volver al estado original del área de trabajo.

3. También deberás abrir unas cuantas imágenes y explorar las opciones de organización de ventanas.
Por último, deberás encontrar un comando en la barra de menús que afecte a todas las ventanas que tengas abiertas.

Ejercicio Práctico 17
Herramientas de borrado

1. Abre una fotografía jpg.

2. Para ello utiliza las herramientas de borrado que creas convenientes.

3. El resultado final que deberás conseguir deberá parecerse a esto:

Ejercicio Práctico 18
Capas

Ejercicio 1: Trabajar con Capas

1. Abre un archivo psd.

2. Crea 6 capas, 3 fotos numeradas y 3 fondos también numerados.

3. Deberás ordenarlas y colocarlas de forma que la foto 1 se encuentre encima del fondo 1, la foto 2 encima del fondo 2, etc.

4. Además deberás centrar la foto dentro de su fondo correspondiente para que tengan un borde verde.

5. Luego tendrás que distribuirlas por el lienzo de forma que puedas verlas de este modo:

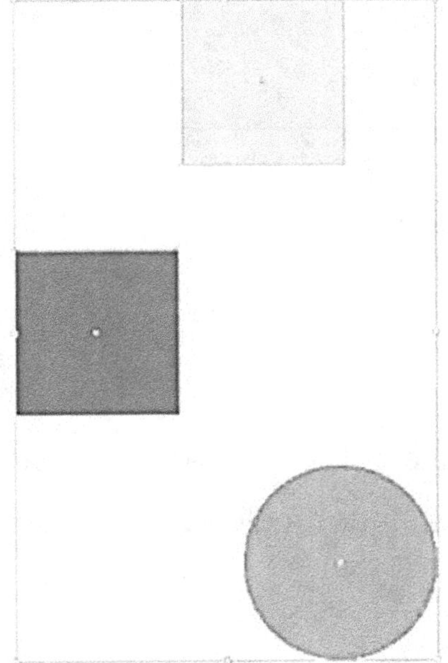

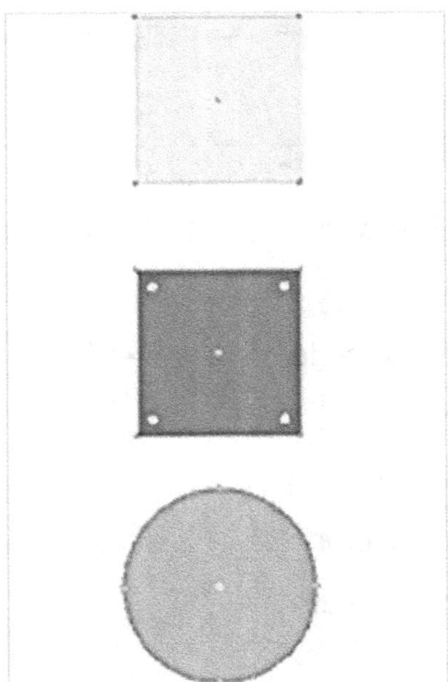

Ejercicio Práctico 19
Selecciones

Ejercicio 1: Copia y Pegado de Selecciones

1. Abre dos imágenes jpg.

2. Selecciona ambas ayudándote de las herramientas de selección. Te recomendamos que utilices el Lazo magnético.

3. Utiliza un Desvanecimiento de 10px.

4. Cópialas y pégalas en un nuevo documento para conseguir algo parecido a esto.

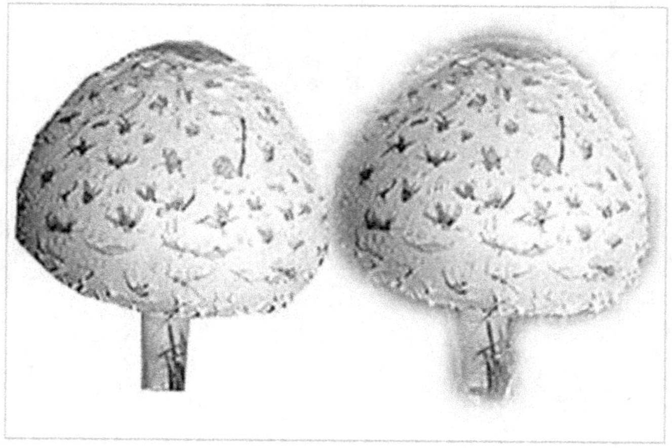

Ejercicio 2: Selecciones Personalizadas

1. Abre un archivo jpg.

2. Selecciona la estatua completa despreciando el fondo. Copia la selección en un archivo nuevo con fondo blanco y del tamaño del portapapeles para que te quede esto:

Ejercicio Práctico 20
Trabajando con capas

Ejercicio 1: Cambio de Perspectiva

1. Abre una imagen jpg.

2. Tendrás que aplicarle transformaciones para que parezca que la foto fue tomada desde el frente. El resultado final que te pedimos es este:

Ejercicios Práctico 21

Formas y Texto

Ejercicio 1: Composición de Formas, Textos y Recortes.

1. Abre una imagen jpg.

2. Utilizando recortes de capas deberás crear un nuevo documento con formas y texto donde utilizarás como fondo para el recorte zonas de esta imagen hasta conseguir la siguiente composición:

Ejercicio Práctico 22
Edición avanzada de capas

Ejercicio 1: Texto con estilo

1. Crear un documento en blanco e intentar reproducir la siguiente composición. Todos los efectos del texto están hechos con estilos de capa, atención al degradado.

Ejercicio 2: Letras de fuego

Crear un documento en blanco e intentar reproducir la siguiente composición. Todos los efectos del texto están hechos con los filtros viento y rizo, el modo de color final es Tabla de colores, cuerpo negro.

Ejercicio Práctico 23
Fotografía digital

Ejercicio 1: Ajustando la Luz de una Fotografía

1. Abre un archivo de imagen jpg.

Observa que la foto está demasiado oscura.

Encuentra un método para intentar aclararla un poco y mostrar más parte de la zona sin luz.

Ejercicio Práctico 24
Fotografía digital avanzada

Ejercicio 1: Extracción de Imagen

1. Abre una imagen jpg de una persona y otra de un fondo. Extrae la persona del archivo utilizando selecciones y pégalo en el fondo. El resultado debe parecerse al siguiente:

Ejercicio Práctico 25
Imágenes sintéticas

Ejercicio 1: Superficie de Madera

Abre un archivo en blanco e intenta crear con filtros y ajustes de imagen una superficie que imite la textura de madera. Un ejemplo de resultado sería este:

Ejercicio Práctico 26
Opciones adicionales

Ejercicio 1: Obtener fotografías limpias

1. Abre un archivo jpg, donde aparezcan personas.

2. Deberás eliminar las personas que aparecen en las imágenes para obtener este resultado:

Ejercicio Práctico 27
Trazados

Ejercicio 1: Modificación de Niveles

1. Abre un archivo jpg.

2. Deberás crear un trazado que ajuste únicamente los niveles de color de la imagen.

Ejercicio 2: Crear una tipografía personalizada.

A partir de la fuente de Photoshop Magneto, modifica la forma de las letras para crear un nuevo tipo de letra personalizado.

Escribe una letra, conviértela en trazado y guárdala como forma personalizada.

Ejercicio Práctico 28
Instrucciones

Ejercicio 1: Crear una acción.

1. Abre Photoshop y escribe cualquier texto sobre el lienzo en color blanco.

2. Deberás crear una acción que modifique el aspecto de la imagen para que muestre esto:

Ejercicio Práctico 29
Objetos 3D en Photoshop

Ejercicio 1: Lata con etiqueta.

1. Crea un objeto 3D como el que ves en la siguiente imagen. Para crear el objeto utiliza la *opción Nueva malla a partir de capa → Ajuste preestablecido de malla → Soda.*

2. Para la imagen del material abre un archivo jpg con un escrito y agrégalo.

Ejercicio Práctico 30
Video

Ejercicio 1: Editar vídeo

1. Abre un archivo mp4.

2. Deberás crear un texto en la parte central del vídeo con un efecto de sombra paralela. Corta el vídeo en tres fragmentos, deberás aplicarle el filtro "Bordes acentuados" al fragmento central.

Evaluación 1
Introducción a Photoshop CC

Sólo una respuesta es válida por pregunta.
Soluciones al final.

1. Indica cuál de estas afirmaciones es la correcta.

    a) Photoshop, creado por Macromedia, es una herramienta de software diseñada para el tratamiento de imágenes.

    b) Photoshop, creado por Adobe, es una herramienta de software diseñada para el tratamiento de imágenes.

    c) Photoshop, creado por Adobe, es una herramienta de software diseñada para crear ilustraciones.

    d) Photoshop, creado por Macromedia, es una herramienta de software diseñada para crear ilustraciones.

2. Si guardamos una imagen en formato JPG más tarde podremos volver a utilizar las capas.

    a) Verdadero.

    b) Falso.

3. Si tenemos una imagen a medio acabar y queremos guardarla para abrirla más tarde y seguir trabajando con ella, ¿qué formato deberemos utilizar?

    a) JPG.

    b) PSD.

    c) GIF.

4. Indica cuál de estas afirmaciones es correcta.

    a) Para guardar imágenes acabadas hay que utilizar el formato GIF o PSD.

    b) Para guardar imágenes acabadas hay que utilizar el formato JPG o PSD.

    c) Para guardar imágenes acabadas hay que utilizar el formato JPG o GIF.

    d) Ninguna de las anteriores.

5. El formato de imagen JPG sólo permite 256 colores.

    a) Verdadero.

    b) Falso.

6. Puedes crear transparencias usando el formato de imagen GIF.

    a) Verdadero. b) Falso.

7. *¿Qué archivo de imagen es más pesado para guardar una fotografía?*

    a) GIF.

    b) JPG.

8. *De la resolución depende la calidad de la imagen, pero puedes decir cuál de estas afirmaciones es correcta:*

    a) Una resolución alta implica un mayor número de píxeles.

    b) Una resolución baja implica un menos número de píxeles.

9. *¿Qué resolución es más aconsejable para la impresión de imágenes?*

    a) 72ppp.

    b) 280ppp.

    c) 800ppp.

10. *El fondo transparente en Photoshop se muestra como:*

    a) Un entramado de cuadros negros y blancos.

    b) Un entramado de cuadros grises y blancos.

    c) Un fondo blanco.

    d) No se muestra.

Solución Evaluación 1

1 - b

2 - b

3 - b

4 - c

5 - b

6 - a

7 - b

8 - a

9 - b

10 - b

Evaluación 2
Entorno de Photoshop CC

1. En el Panel de Herramientas encontramos todas las herramientas existentes agrupadas. Para distinguir estas agrupaciones se le añade al icono:

    a) Un cuadrado negro a la izquierda.

    b) Un triángulo negro en la esquina inferior derecha.

    c) Un borde negro.

    d) Un borde resaltado.

2. Si, en el Selector de Color, pulsamos este botón ⮂ :

    a) El color de Fondo se intercambiará con el Frontal.

    b) El color Frontal y el de Fondo se volverán del mismo color.

3. ¿Cuál de estos iconos indica incompatibilidad de impresión?

    a) 🔒 . b) ⚠ . c) ⬡ .

4. El zoom del 100% muestra la imagen a tamaño real. ¿De qué forma se mostrará una imagen si tiene un zoom del 50%?

    a) Al doble.

b) A la mitad.

c) Su quinta parte.

5. Todos los colores tienen un componente de Rojo, otro de Verde y otro de Amarillo.

a) Verdadero.

b) Falso.

6. ¿Cuál es la diferencia entre los comandos Paso Atrás y Deshacer?

a) Con el comando Deshacer sólo puedes deshacer la última acción, mientras que con el Paso Atrás puedes deshacer una a una todas las acciones realizadas.

b) Con el comando Paso Atrás sólo puedes deshacer la última acción, mientras que con Deshacer puedes deshacer una a una todas las acciones realizadas.

7. ¿Cuál es el comando opuesto a Paso Atrás?

a) Paso Adelante.

b) Rehacer.

8. *¿Qué comando utilizaremos para volver a las opciones originales de la herramienta?*

    a) Herramienta origen.

    b) Restaurar todas.

    c) Restaurar herramienta.

9. *Indica cuál de estas afirmaciones es correcta.*

    a) La herramienta Mano sirve para desplazar las ventanas en el área de trabajo.

    b) La herramienta Mano sirve para desplazar la vista de una imagen dentro de su ventana.

    c) La herramienta Mano sirve para crear una copia de la vista actual de la imagen en otra ventana.

10. *La ventana Acciones te permite:*

    a) Lanzar un conjunto de acciones mecanizadas preestablecidas.

    b) Guardar un conjunto de acciones mecanizadas para usarlas posteriormente.

    c) Ambas son correctas

    d) Ninguna de las anteriores es correcta.

Solución Evaluación 2

1 - b

2 - a

3 - b

4 - b

5 - b

6 - a

7 - a

8 - c

9 - b

10 - c

Evaluación 3
Herramientas Pintura y Edición

1. ¿Qué diferencia es la más importante entre la herramienta Lápiz y Pincel?

    a) El Pincel crea trazos curvos, mientras que el Lápiz crea trazos rectos.

    b) El Lápiz se puede borrar, el Pincel no.

    c) El Pincel crea trazos más suaves que el Lápiz.

2. Las opciones Aerógrafo y Flujo son exclusivas de la herramienta Lápiz.

    a) Verdadero.

    b) Falso.

3. El Borrado automático actúa de la siguiente forma:

    a) Si el primer píxel en el que se hizo clic es igual al color Frontal, se utilizará el color de Fondo para pintar.

    b) Si el primer píxel en el que se hizo clic es diferente al color Frontal, se utilizará el color Frontal para pintar.

    c) Ambas respuestas son correctas.

4. Una opacidad del 50% indica que el trazo será semitransparente.

    a) Verdadero.

    b) Falso.

5. Podemos configurar la punta del pincel de:

    a) La herramienta Pincel.

    b) La herramienta Lápiz.

    c) De ambas.

    d) De ninguna de las anteriores.

6. Podemos utilizar combinaciones de teclado para darle mayor versatilidad a las herramientas. Por ejemplo, para crear trazos rectilíneos pulsaremos:

    a) La tecla Alt.

    b) La tecla Ctrl.

    c) La tecla Shift.

7. ¿Podemos elegir el color del que se pintará el motivo con la herramienta Tampón de Motivo?

    a) Sí.

    b) No.

8. El Tampón de Clonar sirve para realizar una copia de un área seleccionada con anterioridad.

    a) Verdadero.

    b) Falso.

9. Para seleccionar el área a clonar deberemos pulsar:

    a) La tecla Shift.

    b) La tecla Alt.

    c) La tecla Ctrl.

10. Indica cuál de estas afirmaciones es correcta.

    a) La herramienta Bote de pintura pinta todo el lienzo del color Frontal seleccionado.

    b) La herramienta Bote de pintura pinta del color Frontal seleccionado aquellas zonas de color similar al píxel donde se hizo clic.

    c) La herramienta Bote de pintura pinta todo el lienzo del color de Fondo seleccionado.

    d) La herramienta Bote de pintura pinta del color de Fondo seleccionado aquellas zonas de color similar al píxel donde se hizo clic.

Solución Evaluación 3

1 - c

2 - b

3 - c

4 - a

5 - c

6 - c

7 - b

8 - a

9 - b

10 - b

Evaluación 4
Herramientas borrado

1. La herramienta Borrador elimina la pintura del lienzo dejando la zona transparente.

    a) Verdadero.

    b) Falso.

2. Si activamos la opción Borrar a historia, el borrador se comportará exactamente como la herramienta Pincel de historia.

    a) Verdadero.

    b) Falso.

3. El Borrador mágico actúa del mismo modo que el Bote de pintura, pero en vez de pintar el lienzo, borra la gama de colores similares al de muestra.

    a) Verdadero. b) Falso.

4. Indica cuál de estas afirmaciones es la correcta.

    a) Si activamos la casilla Contiguo, el Borrador mágico sólo borrará áreas de color similar al de muestra conectadas a esta.

b) Si activamos la casilla Contiguo, el Borrador mágico borrará cualquier área de color similar al de muestra en el lienzo.

5. *El Borrador de Fondos evalúa el color del centro de la punta del pincel y lo borra de todo el lienzo.*

    a) Verdadero.

    b) Falso.

6. *Si activamos la casilla Proteger color frontal, el color seleccionado en el selector de color se protegerá y no podrá borrarse.*

    a) Verdadero. b) Falso.

7. *¿Cuáles de los siguientes son los modos de borrado que admite la herramienta Borrador?*

    a) Pincel, Lápiz y Tampón.

    b) Lápiz, Tampón y Cuadrado.

    c) Pincel, Lápiz y Cuadrado.

8. *Indica cuál de estas afirmaciones es correcta.*

    a) El Borrador de fondos y el Borrador mágico eliminan la pintura del lienzo dejando la zona transparente.

b) El Borrador de fondos y el Borrador mágico eliminan la pintura del lienzo y la sustituyen por el color de Fondo.

9. Si, en el Borrador de fondos, activamos la Muestra como Muestra de fondos, se tomará siempre como muestra el color Frontal seleccionado en el selector de color.

a) Verdadero.

b) Falso.

10. Podemos activar el modo de Borrador a historia con la ayuda de las combinaciones de teclado, ¿Qué tecla haría falta pulsar para esto?

a) La tecla Ctrl.

b) La tecla Alt.

Solución Evaluación 4

1 - b

2 - a

3 - a

4 - a

5 - b

6 - a

7 - c

8 - a

9 - b

10 - b

Evaluación 5

Capas

1. Desde el cuadro de diálogo Propiedades de capa podemos cambiar el nombre y el color de la capa. Esto último significa que:

    a) La capa se teñirá del color que escojamos como si hubiéramos usado la herramienta Bote de pintura.

    b) La capa se resaltará del color escogido en la ventana Capas, sin afectar nunca a la pintura contenida en la misma.

2. ¿Por qué icono se ve indicada la capa activa?

    a) . b) Por ninguno.

3. Si tenemos dos capas, ¿cuál será la que se verá y por tanto tapará a la otra?

    a) La superior o dispuesta más arriba.

    b) La inferior o dispuesta más abajo.

4. ¿Se puede modificar una capa invisible?

    a) Sí. b) No.

5. *Podemos seleccionar una capa con la herramienta Mover haciendo clic sobre ella y manteniendo pulsada:*

    a) La tecla Alt. b) La tecla Ctrl. c) La tecla Shift.

6. *Para alinear dos capas es preciso que:*

    a) Estén visibles.

    b) Estén seleccionadas.

    c) Estén enlazadas.

7. *¿El bloqueo de píxeles transparentes permite editar zonas con pintura?*

    a) Sí. b) No.

8. *¿El bloqueo de píxeles de imagen permite editar zonas transparentes?*

    a) Sí. b) No

9. *¿Cuál de los iconos indica bloqueo parcial de la capa?*

    a) . b) .

10. *¿Es posible crear transparencias sobre un fondo sin haberlo convertido antes en capa?*

    a) Sí.   b) No.

Solución Evaluación 5

1 - b

2 - b

3 - a

4 - b

5 - b

6 - b

7 - a

8 - b

9 - b

10 - b

Evaluación 6
Selecciones

1. Si seleccionamos un área en el lienzo:

    a) Sólo podremos trabajar en esa zona del lienzo.

    b) Sólo podremos trabajar en esa zona del lienzo y únicamente en la capa activa.

2. Indica cuál de estas afirmaciones es la correcta.

    a) El comando Copiar combinado guarda una copia de la selección en el portapapeles incluyendo todas las capas del proyecto.

    b) El comando Copiar combinado guarda una copia de la selección en el portapapeles incluyendo todas las capas del proyecto excepto las no visibles.

3. Indica cuál de estas afirmaciones es la correcta.

    a) El comando Pegar copia el contenido del portapapeles en la capa activa del momento.

    b) El comando Pegar copia el contenido del portapapeles creando una nueva capa, la cual pasará a ser la activa.

4. El ancho de la herramienta Marco columna única se puede modificar.

    a) Verdadero

    b) Falso

5. Con las combinaciones de teclado podemos hacer que el Marco rectangular y elíptico tomen siempre proporciones 1 a 1. ¿Qué tecla deberíamos utilizar?

    a) La tecla Alt.

    b) La tecla Ctrl.

    c) La tecla Shift.

6. El desvanecimiento actúa creando una transición de color del borde de la selección hacia el color de Fondo de tantos píxeles como se indique.

    a) Verdadero.

    b) Falso.

7. Durante la creación del trazo de selección con las herramientas Lazo poligonal y magnético, ¿qué tecla te permite alternar entre ellas y el Lazo a mano alzada?

    a) La tecla Alt.

    b) La tecla Ctrl.

    c) La tecla Espacio.

8. El modo en el que actúan la Varita mágica y el comando Gama de colores es similar.

    a) Verdadero.

    b) Falso.

9. Si intersecamos dos selecciones, la selección resultante será la zona común que tenían ambas.

    a) Verdadero.

    b) Falso.

10. La herramienta Recortar no cambia el tamaño de la imagen afectada.

    a) Verdadero.

    b) Falso.

Solución Evaluación 6

1 - b

2 - b

3 - b

4 - b

5 - c

6 - a

7 - a

8 - a

9 - a

10 - b

Evaluación 7
Trabajando capas

1. ¿Cuál de estas opciones no pertenece al comando Transformar?

a) Escala. b) Sesgar. c) Suavizar. d) Rotar.

2. Con el comando Transformación libre podemos aplicar todas las transformaciones al mismo tiempo sin necesidad de ir cambiando de una a otra.

a) Verdadero. b) Falso.

3. Para conseguir el reflejo en un espejo usaremos las opciones Rotar 180°, Rotar 90° AC y Rotar 90° ACD.

a) Verdadero. b) Falso.

4. Las máscaras de capa actúan sobre:

a) El color de la capa.

b) La cantidad de pintura sobre la capa.

c) La opacidad de la capa.

5. En las máscaras de capa, las zonas que pintemos de color rojo se harán completamente transparentes.

a) Verdadero. b) Falso.

6. Podemos desenlazar una capa y su máscara para moverlas independientemente.

    a) Verdadero. b) Falso.

7. Si aplicamos una máscara de capa, ésta no podrá ser modificada posteriormente.

    a) Verdadero. b) Falso.

8. Los recortes de capa se crean de la siguiente forma:

    a) A la capa superior se le resta la inferior.

    b) A la capa inferior se le resta la superior.

9. ¿Qué tecla deberemos pulsar para crear un recorte de capa?

    a) La tecla Shift. b) La tecla Alt.

10. Existe un método abreviado de teclado para crear los recortes de capa, ¿cuál es?

    a) Ctrl + G.

    b) Ctrl + Alt.

    c) Ctrl + R.

Solución Evaluación 7

1 - c

2 - a

3 - b

4 - c

5 - b

6 - a

7 - a

8 - a

9 - b

10 - a

Evaluación 8
Formas y Texto

1. Todas las formas se crean del mismo modo: el clic del ratón indica su esquina superior izquierda y el lugar donde los soltamos la esquina inferior derecha.

    a) Verdadero. b) Falso.

2. Podemos mantener las proporciones de la forma a 1 a 1 con ayuda del teclado, ¿Qué tecla deberemos pulsar?

    a) La tecla Alt.

    b) La tecla Shift.

    c) La tecla Espacio.

3. Podemos añadir puntas de flecha únicamente al fin de las líneas creadas con la herramienta Línea.

    a) Verdadero. b) Falso.

4. ¿Qué opción nos permitirá crear un rectángulo de 64 píxeles de altura por 64 píxeles de anchura?

    a) Cuadrado. b) Tamaño fijo.

    c) Proporcional. d) Todas las anteriores.

5. Una vez creada la capa de texto, ¿cómo podemos modificar su contenido?

a) Haciendo doble clic sobre la capa para acceder a sus propiedades.

b) Seleccionando la herramienta Texto y modificando las propiedades de la capa desde la barra de

opciones.

6. Rasterizar una capa de texto te permitirá más tarde modificar el texto inscrito.

a) Verdadero. b) Falso.

7. Este icono *en la barra de Opciones de herramientas actúa de la siguiente forma:*

a) Moviendo el texto hacia los lados indicados.

b) Cambiando la orientación del texto.

c) Desplazando las letras e inclinándolas hacia la derecha.

8. Este icono *puede realizar las siguientes acciones:*

a) Estirar el texto hacia los lados.

b) Curvar el texto hacia arriba.

c) Inflar el texto.

d) Todas las anteriores.

9. Este icono ⊤ representa:

a) Una opción para resaltar el texto.

b) El icono de herramienta para crear selecciones con forma de texto.

c) El icono de herramienta para crear texto con bordes.

10. Podemos escoger diferentes Formas personalizadas cargando las bibliotecas que integra Photoshop.

a) Verdadero.

b) Falso.

Solución Evaluación 8

1 - b

2 - b

3 - b

4 - d

5 - b

6 - b

7- b

8 - d

9 - b

10 - a

Evaluación 9
Edición avanzada capas

1. Es posible combinar todos los estilos de capa sin excepción.

> a) Verdadero. b) Falso.

2. La opacidad se refiere a la transparencia de la capa y el estilo en conjunto, mientras que la opacidad de relleno se refiere únicamente a la pintura de la capa.

> a) Verdadero. b) Falso.

3. Los estilos Contorno y Textura son independientes del estilo Bisel y Relieve.

> a) Verdadero. b) Falso.

4. La superposición de colores tapa toda la capa incluyendo las zonas transparentes con un color escogido.

> a) Verdadero. b) Falso.

5. Algunos estilos no soportan el comando Crear capas pues no pueden plasmarse como pintura sobre una capa.

> a) Verdadero. b) Falso.

6. Desde la Galería de Filtros puedes combinar más de un filtro en una sola operación.

    a) Verdadero. b) Falso.

7. El comando Ocultar todos los efectos elimina los estilos de capa asociados a la capa activa.

    a) Verdadero. b) Falso.

8. El estilo Trazo crea un borde alrededor de toda la pintura de la capa del color y opacidad escogidos.

    a) Verdadero. b) Falso.

9. Los estilos Sombra paralela y Sombra interior se diferencian en la posición en la que se ubica la sombra.

    a) Verdadero. b) Falso.

10. El comando Escalar efectos te permite agrandar o empequeñecer los efectos de capa manteniendo intacta la pintura de la capa.

    a) Verdadero. b) Falso.

Solución Evaluación 9

1 - a

2 - a

3 - b

4 - b

5 - a

6 - a

7 - b

8 - a

9 - a

10 - a

Evaluación 10
Fotografía digital

1. ¿Cuál de estas herramientas nos ayudará a eliminar manchas, polvo o rascaduras de nuestras fotografías?

    a) Pincel corrector.

    b) Herramienta Sustitución de color.

2. ¿Cuál de estas herramientas nos puede ayudar a eliminar el efecto ojos rojos de nuestras fotografías?

    a) Pincel corrector.

    b) Herramienta Sustitución de color.

3. El comando Niveles nos ayudará a:

    a) Corregir las zonas oscuras de la fotografía.

    b) Conseguir colores más puros y menos apagados.

4. En la máscara de enfoque, la opción Umbral hace referencia a:

    a) La anchura del borde de enfoque creado.

    b) El número de píxeles cercanos al borde afectados por el enfoque.

5. Para corregir fotografías con mucho flash o demasiado oscuras utilizaremos el comando:

    a) Brillo/contraste.

    b) Equilibrio de color.

    c) Sombra/iluminación.

6. El comando Equilibrio de color nos será útil para arreglar fotografías que han resultado dañadas y han perdido (o modificado) capas de color y se muestran demasiado amarillas o muy azules, etc.

    a) Verdadero.

    b) Falso.

7. El Pincel corrector actúa de forma similar al Tampón de Clonar.

    a) Verdadero.

    b) Falso.

8. La herramienta Esponja actúa:

    a) Tomando una muestra de la textura de la imagen.

    b) Difuminando la pintura del lienzo.

    c) Cambiando la saturación de la imagen.

9. Indica cuál de estas afirmaciones es correcta.

a) El comando Color automático ajusta los niveles de saturación automáticamente mostrando los colores más vivos y menos apagados.

b) El comando Color automático ajusta el equilibrio de color de la imagen automáticamente.

10. ¿Con qué tecla tomaremos la muestra a copiar en la herramienta Pincel corrector?

a) Con la tecla Shift.

b) Con la tecla Alt.

c) Con la tecla Ctrl.

Solución Evaluación 10

1 - a

2 - b

3 - b

4 - b

5 - c

6 - a

7 - a

8 - c

9 - b

10 - b

Evaluación 11
Impresión de imágenes

1. Entre qué intervalo se encuentra la resolución óptima para la impresión.

    a) 72 y 300ppp.

    b) 240 y 300ppp.

    c) 240 y 800ppp.

    d) 300 y 800ppp.

2. Es necesario desactivar la casilla Remuestrear la imagen al cambiar la resolución porque:

    a) Así Photoshop no inventará píxeles al redimensionar la imagen.

    b) Mantendremos las dimensiones en centímetros de la imagen intactas.

    c) Mantendremos las dimensiones en píxeles de la imagen intactas.

    d) Las respuestas a y c son correctas.

3. Desde el comando Imprimir una copia podemos configurar la orientación vertical u horizontal del papel.

    a) Verdadero. b) Falso.

4. *Si aumentamos el tamaño de la imagen, ésta perderá calidad al imprimirse.*

    a) Verdadero.

    b) Falso.

5. *Desde el comando Imprimir podemos seleccionar el número de copias que queremos hacer de la imagen.*

    a) Verdadero.

    b) Falso.

6. *¿Qué comando nos permite realizar una impresión múltiple de una imagen en una sola impresión?*

    a) Impresión múltiple.

    b) Conjunto de imágenes.

    c) Composición automatizada.

7. *Mediante el comando Imprimir con vista previa podemos modificar la posición de la imagen en la hoja. Si introducimos los valores 0,0 en las cajas de texto de posición, ¿dónde se colocará la imagen?*

    a) En la esquina superior izquierda.

    b) En el centro.

    c) En la esquina inferior derecha.

8. En ese mismo cuadro de diálogo la opción Escalar para ajustar a medios significa:

a) Que la imagen se redimensionará para tomar las dimensiones del papel.

b) Que la imagen tomará sus dimensiones originales.

c) Que la imagen se redimensionará para ocupar tanto espacio en el papel como sea posible.

9. Podemos seleccionar la impresora con la que imprimiremos la imagen desde el cuadro de diálogo que abre el comando:

a) Imprimir con vista previa.

b) Ajustar página.

10. La opción Mostrar rectángulo delimitador cuando está activada:

a) Muestra un borde negro alrededor de la imagen.

b) Muestra un borde negro alrededor del borde de la hoja.

c) Muestra un borde negro a 25 píxeles de distancia del borde de la imagen.

Solución Evaluación 11

1 - b

2 - d

3 - b

4 - a

5 - a

6 - b

7 - a

8 - c

9 - b

10 - a

Evaluación 12
Fotografía digital avanzada

---

1. ¿Qué herramienta es más recomendable para eliminar figuras (objetos, personas...) de una imagen?

    a) La herramienta Pincel corrector.

    b) La herramienta Tampón de Clonar.

    c) La herramienta Borrador.

2. El Tampón de clonar mantiene la distancia y dirección del punto de muestra al primer clic de clonado hasta que se vuelva a tomar una nueva muestra.

    a) Verdadero.

    b) Falso.

3. Cuando pretendemos eliminar figuras de una imagen con fondo irregulares es aconsejable tomar una sola muestra.

    a) Verdadero.

    b) Falso.

4. Para eliminar figuras de imágenes con fondos muy regulares y repetitivos también podemos utilizar:

    a) La herramienta Borrador.

---

b) La herramienta Pincel histórico.

c) La herramienta Tampón de motivo.

5. La herramienta Parche actúa de forma similar a otra de las herramientas de Photoshop, ¿Podrías decir a cuál?

a) La herramienta Tampón de Clonar.

b) La herramienta Pincel corrector.

c) La herramienta Pincel histórico.

6. Indica cuál de las siguientes afirmaciones es correcta.

a) Si en la herramienta Parche seleccionamos la opción Origen, la selección se tomará como origen para parchear los píxeles de destino.

b) Si en la herramienta Parche seleccionamos la opción Destino, la selección se tomará como zona de destino o a parchear por los píxeles de origen.

7. El grupo de herramientas de Saturación nos ayudarán a:

a) Eliminar bordes angulosos en los recortes.

b) Cambiar la tonalidad de la pintura para aclararla u oscurecerla.

c) Saturar una zona de pintura colocando muchos píxeles en ella.

8. Este botón  *aísla un objeto de la imagen para poder recortarlo.*

    a) Verdadero.

    b) Falso.

9. En el modo de Máscara rápida, la veladura de color rojo indica:

    a) Zona seleccionada.

    b) Zona no seleccionada.

10. La transición que realiza la máscara de capa se caracteriza por:

    a) Ser una transición de color.

    b) Ser una transición de transparencia.

Solución Evaluación 12

1 - b

2 - a

3 - b

4 - c

5 - b

6 - b

7 - b

8 - b

9 - b

10 - b

Evaluación 13
Creación de imágenes sintéticas

1. ¿Es posible crear imágenes sintéticas con Photoshop?

    a) Sí.

    b) No.

2. Para crear superficies cromadas, ¿qué herramienta deberemos utilizar?

    a) La herramienta Degradado.

    b) La herramienta Esponja.

3. Podemos crear superficies cromadas más reales utilizando los filtros:

    a) Añadir ruido y Máscara de enfoque.

    b) Añadir ruido y Desenfoque de movimiento.

4. Es posible crear un rectángulo en un triángulo con ayuda de la opción Perspectiva del comando Transformación.

    a) Verdadero.

    b) Falso.

5. Para borrar la pintura que se encuentre dentro de una selección, ¿Qué tecla podemos utilizar?

    a) La tecla Insert.

    b) La tecla Supr.

    c) La tecla Alt.

6. ¿Desde qué menú podemos abrir el cuadro de diálogo del comando Licuar?

    a) Desde Selección.

    b) Desde Filtro.

    c) Desde Edición.

7. La herramienta Deformar hacia adelante del comando Licuar deforma la pintura hacia la derecha.

    a) Verdadero.

    b) Falso.

8. La herramienta Desinflar del comando Licuar mueve los píxeles que se encuentren dentro de la punta del pincel hacia el centro.

a) Verdadero.

b) Falso.

9. *¿Qué filtro podemos utilizar para crear esferas?*

    a) Esferizar.

    b) Redondear.

10. *¿Desde qué comando podemos colorear o cambiar la coloración de la pintura de una capa?*

    a) Niveles.

    b) Tono/Saturación.

Solución Evaluación 13

1 - a

2 - a

3 - b

4 - a

5 - b

6 - b

7 - b

8 - a

9 - a

10 - b

Evaluación 14
Opciones adicionales

1. Con Photoshop es posible realizar acciones complejas de forma automática.

    a) Verdadero. b) Falso.

2. Podemos crear de forma rápida Galerías web para mostrar nuestras imágenes en Internet.

    a) Verdadero. b) Falso.

3. Deberemos indicar a Photoshop el lugar en Internet donde deberá subir nuestras imágenes.

    a) Verdadero. b) Falso.

4. Las galerías con tecnología Flash deben ser vistas utilizando un plugin especial.

    a) Verdadero. b) Falso.

5. Photomerge utiliza un modo de evaluación diferentes al alineamiento y fusión automáticos de capas.

    a) Verdadero. b) Falso.

6. *Photomerge elimina objetos de las fotografías para así obtener de forma rápida imágenes sin elementos que nos molesten.*

   a) Verdadero. b) Falso.

7. Es posible utilizar Photomerge con una sola imagen.

   a) Verdadero. b) Falso.

8. *Indica cuál de estas afirmaciones es correcta:*

   a) El comando Mediana está basado en fórmulas matemáticas.

   b) El comando Mediana corta las capas por la mitad para realizar las composiciones.

9. *Podemos desglosar un proyecto en varios elementos utilizando el comando:*

   a) Exportar capas a objetos inteligentes.

   b) Exportar capas a archivos.

10. Al cargar varios archivos en pila es posible crear un objeto inteligente con ellos.

   a) Verdadero. b) Falso.

Solución Evaluación 14

1 - a

2 - a

3 - b

4 - a

5 - b

6 - b

7 - b

8 - a

9 - b

10 - a

Evaluación 15

Trazados

1. Un trazado cuenta con...

    a) Dos extremos.

    b) Controles de curvatura.

    c) Ambas son correctas.

2. Para terminar una forma es necesario cerrar los trazados de ésta.

    a) Verdadero.

    b) Falso.

3. La única diferencia entre la Pluma y la Pluma de forma libre es que en la primera no es necesario crear los trazados que compondrán la forma.

    a) Verdadero.

    b) Falso.

4. La herramienta Selección de trazado te permite modificar la curva de los trazados sin utilizar los controles de curvatura.

    a) Verdadero.

    b) Falso.

5. La herramienta Selección directa te permite modificar la curva de los trazados sin utilizar los controles de curvatura.

a) Verdadero. b) Falso.

6. Por defecto, un trazado se establece como una máscara de capa vectorial.

a) Verdadero. b) Falso.

7. Es posible transformar un elemento vectorial sin perder su definición.

a) Verdadero. b) Falso.

8. Una máscara de relleno puede contener un color sólido, un degradado o un motivo.

a) Sí, y nada más. b) Sí, y otros tipos de relleno.

9. Desde la ventana Trazados podemos transformar trazados en selecciones y viceversa.

a) Verdadero. b) Falso.

10. Si guardamos un trazado como forma personalizada podremos reutilizarlo en el futuro, la desventaja es que hay que volver a dibujar.

a) Verdadero. b) Falso.

Solución Evaluación 15

1 - a

2 - a

3 - b

4 - b

5 - a

6 - a

7 - a

8 - b

9 - a

10 - b

Evaluación 16
Instrucciones

1. Una acción de la ventana de Acciones contiene:

a) Comandos de Photoshop.

b) Acciones simples con opciones específicas.

c) Ambas son correctas.

2. Las Acciones predefinidas por Photoshop pueden utilizarse independientemente de si nosotros creamos la nuestras propias o no.

a) Verdadero.

b) Falso.

3. Es posible crear nuevos grupos de acciones para organizar la ventana Acciones.

a) Verdadero.

b) Falso.

4. Es posible asociar una acción con una tecla de función.

a) Verdadero.

b) Falso.

5. Al grabar una acción las acciones que ejerzamos sobre el zoom de la imagen también se grabarán.

    a) Verdadero.

    b) Falso.

6. Es posible parar una grabación y reanudarla después.

    a) Verdadero.

    b) Falso.

7. Las opciones especificadas en las acciones utilizadas no se grabarán, su guardará únicamente el comando con sus opciones preestablecidas.

    a) Verdadero.

    b) Falso.

8. La opción Insertar elemento de menú:

    a) Permite que al ejecutar la acción podamos hacer clic en un elemento de la barra de menús.

    b) Permite utilizar un elemento de menú en una acción.

9. Al insertar una parada en una acción deberemos escribir un mensaje para el cuadro de diálogo que se mostrará.

    a) Verdadero. b) Falso.

10. Las paradas con continuidad permiten al usuario continuar con la acción como si no se hubiese efectuado ninguna parada.

    a) Verdadero.

    b) Falso.

Solución Evaluación 16

1 - c

2 - a

3 - a

4 – a

5 - b

6 - a

7 - b

8 - b

9 - a

10 - a

Evaluación 17
Obtener más recursos

1. Cuando en Photoshop creamos una nueva punta de pincel se guarda:

    a) En forma de registro y se elimina al desinstalar Photoshop.

    b) En forma de archivo que podemos reutilizar.

    c) Ambas son correctas.

2. Podemos buscar en Internet acciones, degradados o formas que otra gente haya decidido compartir.

    a) Verdadero.

    b) Falso.

3. Normalmente basta con cargar los archivos conseguidos para poder utilizarlos.

    a) Verdadero.

    b) Falso.

4. Es aconsejable guardar una copia de seguridad de los recursos que descargamos para poder reutilizarlos en caso de que decidiésemos desinstalar y volver a instala Photoshop.

a) Verdadero.

b) Falso.

5. La extensión de un archivo de formas personalizadas es:

a) CSH.

b) ABR.

6. Podemos utilizar Adobe Studio Exchange para compartir los recursos que hemos creado con otra gente de todo el mundo.

a) Verdadero.

b) Falso.

7. La extensión de un archivo de puntas de pincel es:

a) CSH.

b) ABR.

8. En Adobe Studio Exchange podemos encontrar plug-ins para añadir comandos a Photoshop que antes no tenía programados.

a) Verdadero.

b) Falso.

9. En Adobe Studio Exchange puedes descargarte pequeños tutoriales para tareas específicas.

a) Verdadero.

b) Falso.

10. Para cargar una punta de pincel deberás abrir la paleta de Pinceles que normalmente se encuentra oculta.

a) Verdadero.

b) Falso.

Solución Evaluación 17

1 - c

2 - a

3 - a

4 - a

5 - a

6 - a

7 - b

8 - a

9 - a

10 - a

Evaluación 18
Objetos 3D en Photoshop

1. En un objeto 3D de Photoshop ¿Qué es la malla?

  a) La estructura que define los colores.

  b) La estructura que define la forma del objeto.

  c) Una cuadrícula que recubre el objeto.

2. ¿Cuál de las siguientes afirmaciones es cierta?

  a) Los objetos 3D están formados por un solo material que los recubre.

  b) Un objeto 3D puede tener texturas diferentes en la parte delantera y trasera.

3. ¿Cuál de las siguientes afirmaciones es falsa?

  a) Podemos crear un objeto 3D a partir de una selección.

  b) Podemos crear un objeto 3D a partir de un trazado.

  c) Podemos crear un objeto 3D a partir de un filtro.

4. ¿Cuál de las siguientes afirmaciones es cierta?

  a) El eje X es el eje vertical.

  b) El eje Y es el eje horizontal.

c) El eje Z mide la profundidad.

5. El material de extrusión es el que forma el lateral de un objeto de texto 3D.

a) Verdadero.

b) Falso.

6. Una vez creado un objeto 3D:

a) Se puede modificar la forma original de la malla.

b) Se puede modificar la extrusión, pero no la forma original.

7. Podemos modificar la posición de la luz infinita para que ilumine la parte posterior de un objeto 3D.

a) Verdadero.

b) Falso.

8. El foco es un tipo de luz en el que podemos variar el ángulo del haz de luz y el ángulo del cono.

a) Verdadero.

b) Falso.

9. Interpretar un objeto 3D es un proceso para pasar el objeto 3D a mapa de bits.

    a) Verdadero.

    b) Falso.

10. Después de rasterizar un objeto 3D podemos variar el ángulo de la cámara.

    a) Verdadero.

    b) Falso.

Solución Evaluación 18

1 - b

2 - b

3 - c

4 - c

5 - a

6 - b

7 - a

8 - a

9 - b

10 - b

Evaluación 19
Video

1. En Photoshop, al editar vídeo podemos:

    a) Cortar, copiar, añadir transiciones, añadir audio y grabar audio.

    b) Cortar, copiar, añadir transiciones, añadir audio y texto, aplicar filtros y efectos.

    c) Ambas son correctas.

2. En la interfaz "Línea de Tiempo" podemos:

    a) Añadir varias pistas de vídeo y de audio.

    b) Añadir varias pistas de vídeo y una sola de audio.

3. Cuál de las siguientes afirmaciones es falsa.

    a) Una transición transversal añade una transición de finalización y otra de inicio.

    b) Podemos colocar una transición en la mitad de un fragmento de vídeo.

    c) Una transición de finalización siempre acaba en una imagen transparente o de color.

4. Una vez hemos recortado un trozo de un vídeo ya no podremos recuperarlo fácilmente.

    a) Verdadero.

    b) Falso.

5. Podemos insertar sonido en un vídeo, pero no podemos modificar el volumen.

    a) Verdadero.

    b) Falso.

6. Para aplicar un filtro, previamente debemos convertir la capa en un objeto inteligente.

    a) Verdadero.

    b) Falso.

7. Para crear un archivo de video .mp4 debemos utilizar el comando:

    a) Generar mp4.

    b) Interpretar video.

8. Desde Photoshop podemos crear vídeo con el formato adecuado para subirlo a YouTube.

    a) Verdadero.

    b) Falso.

9. El formato más usado para crear vídeo desde Photoshop es H.264.

    a) Verdadero.

    b) Falso.

10. Debemos crear el vídeo del mismo tamaño que tenía cuando lo grabamos antes de editarlo con Photoshop.

    a) Verdadero.

    b) Falso.

Solución Evaluación 19

1 - b

2 - a

3 - b

4 - b

5 - a

6 - a

7 - b

8 - a

9 - a

10 - b

Bibliografía

Brown, N. "Photoshop Mastery: 25 Techniques Every Designer Must Know".

Cole, J. "Photoshop CC for beginners".

Dachis, A. "Learn the Basics of Photoshop in Under 25 Minutes".

Faulkner, A. and Chavez, C. "Adobe Photoshop CC"

Hohweiler, J. "History of Photoshop".

López Escribá, Javier / Obregón Valdéz, Luis. (1997) "Photoshop".

Michael S. Karbo / Peter G Christiansen (2001). "Adobe Photoshop".

Miller, E. "4 Things Anyone Can Do Using Photoshop".

Robert Stanley (2001). "Adobe Photoshop".

Smith, Colin y Ward, Al. "Los trucos y efectos más interesantes de Photoshop".

Soffar, H. "Adobe Photoshop advantages and disadvantages".

Steuer, Sharon. "Arte y creatividad con Photoshop".

Zeeshan, M. "Uses of Photoshop".

Weinman, Lynda. "Diseño de imágenes para la web".

Ejercicios Prácticos

Photoshop CC

Ejercicios, evaluaciones y solucionarios

Este libro se complementa con
"Taller Photoshop CC"

Edición EMD
Primera edición
Comunidad Europea
2021

147